Pour les 5-7 ans

- Une série de livres complices à partager avec votre enfant, pour l'aider à faire seul et pour cheminer ensemble sur la route du savoir :

L'odorat et la nature
Le goût et la cuisine
L'ouïe et la musique
Le toucher et le corps

Pour les 8-12 ans

- l'Encyclopédie Pratique des Petits Débrouillards

Volume 1. À la découverte de l'eau
Volume 2. L'invisible
Volume 3. Vivre de mille manières
Volume 4. Les secrets de l'air
Volume 5. Planète Terre
Volume 6. Le monde des extrêmes
Volume 7. Des machines pour explorer le monde
Volume 8. L'infiniment petit
Volume 9. L'Univers, la Terre et les humains
Volume 10. Qui sommes-nous ?

- **Le Soleil et ses éclipses**
- **L'eau, un bien à protéger**

Rédaction : Association Nationale des Petits Débrouillards sous la direction de Pascal Desjours

Relecture et conseil pédagogique : Cathy Dillenseger, Professeur des Écoles

Illustrations : Claude & Denise Millet

La vue et les couleurs

ALBIN MICHEL JEUNESSE

Sommaire

Les jeunes enfants qui ne savent pas lire couramment posent de multiples questions. Instinctivement, ils justifient les choses par la magie ou les pouvoirs surnaturels qu'ils s'attribuent (il pleut parce que les fleurs ont soif ou parce que je l'ai demandé aux nuages).

Ici, 10 expériences et 10 jeux sur la vue permettent à vos enfants de s'amuser avec vous et de trouver des réponses concrètes à leurs interrogations : Pourquoi on ne voit rien dans le noir ? À quoi ça sert d'avoir deux yeux ? D'où viennent les couleurs de l'arc-en-ciel ? Est-ce que les animaux voient comme nous ? Et si on mélangeait toutes les couleurs ?

Insatiables curieux, les enfants de moins de 7 ans se passionnent pour les raisonnements réalistes et justes, la richesse du vocabulaire, les jeux de logique simples : tout dans cet ouvrage part de ce qu'ils ressentent et stimule leur capacité à s'étonner du quotidien. Dans ce parcours d'exploration autour de la vue en 10 séquences progressives et cohérentes, deux enfants, Nelle et Paco, sont guidés par Chat, un compagnon qui en sait long :

- une petite scène de vie quotidienne amène la question ;
- une expérience facile à réaliser avec du matériel de la maison y répond ;
- le phénomène qui vient d'être observé est expliqué aux enfants ;
- une explication plus précise vous est proposée, à vous parents, qui vous aidera à adapter votre propos selon l'intérêt et l'âge de votre enfant ;
- un jeu d'observation ou d'associations conclut la séquence.

Observer, faire, échanger, réfléchir… chaque situation rend l'enfant actif, induit un comportement autonome et débrouillard et lui procure le plaisir de comprendre, tout en s'amusant.

Bien éclairé, bien vu !

C'est le soir. Paco veut faire une blague à Nelle : il éteint la lumière.
Nelle se cogne partout, elle ne voit rien et s'inquiète :
– Que se passe-t-il, Chat ? Mes yeux ne marchent plus !
Chat la rassure :
– Tes yeux fonctionnent très bien, Nelle. Tiens, pendant que nous sommes dans le noir, faisons une expérience de nuit. D'accord ?

Rassemble ton matériel

- 1 lampe de poche
- de la farine

L'expérience

L'expérience se fait dans une pièce sombre.

1

Ferme la porte et éteins la lumière de la pièce.

2

Laisse tomber un peu de farine vers le sol, à côté de toi. La vois-tu ?

3

Tiens la lampe dans une main et une poignée de farine dans l'autre main. Allume la lampe et dirige-la vers le mur en face de toi.

4

Jette un peu de farine*
devant ta lampe allumée.

Que vois-tu ?

Que faut-il pour voir ?

Si tu es dans le noir et que tu laisses tomber de la farine à côté de toi, tu ne la vois pas. Par contre, si la farine passe entre la lampe et le mur, tu la vois traverser le rayon de lumière. Tes yeux fonctionnent même dans l'obscurité, mais pour qu'ils voient il faut que les objets ou les personnes qui t'entourent soient éclairés et renvoient de la lumière vers tes yeux. Sinon, tu ne peux pas les voir.

Quand Paco a éteint la lumière, Nelle ne voyait plus rien : aucun objet n'envoyait de lumière à ses yeux.

** N' oublie pas de nettoyer la farine que tu as laissée tomber.*

LE COIN
pour en savoir plus
DES PARENTS

Pendant longtemps, des scientifiques affirmèrent que les yeux envoyaient des rayons qui leur permettaient de voir les objets. C'est également ce que croient de nombreux jeunes enfants qui, pour comprendre le monde, se centrent sur leurs propres perceptions. Le meilleur moyen de se prouver le contraire est de raisonner autour d'une source de lumière, dans une pièce sombre. Un rayon de lumière est invisible tant qu'il n'atteint pas l'œil : c'est pourquoi dans cette expérience, on ne voit que l'ampoule de la lampe, la tache de lumière sur le mur… et la farine quand elle passe entre les deux. Au fond de l'œil, la rétine est tapissée de petites cellules capables de capter la lumière. En recevant la lumière, ces cellules réagissent et transmettent l'information (« il y a de la lumière ») au cerveau.
Être bien éclairé, c'est être bien vu !

Encore un jeu

Veux-tu retrouver les 5 animaux qui voient bien la nuit ?

1. le chat

2. la tortue

4. la chauve-souris

3. le hibou

5. le renard

9. l'aigle

7. le dauphin

6. le loup

10. le coq

8. le lémur

Réponses : 1 ; 3 ; 5 ; 6 ; 8

Un trou qui a peur de la lumière

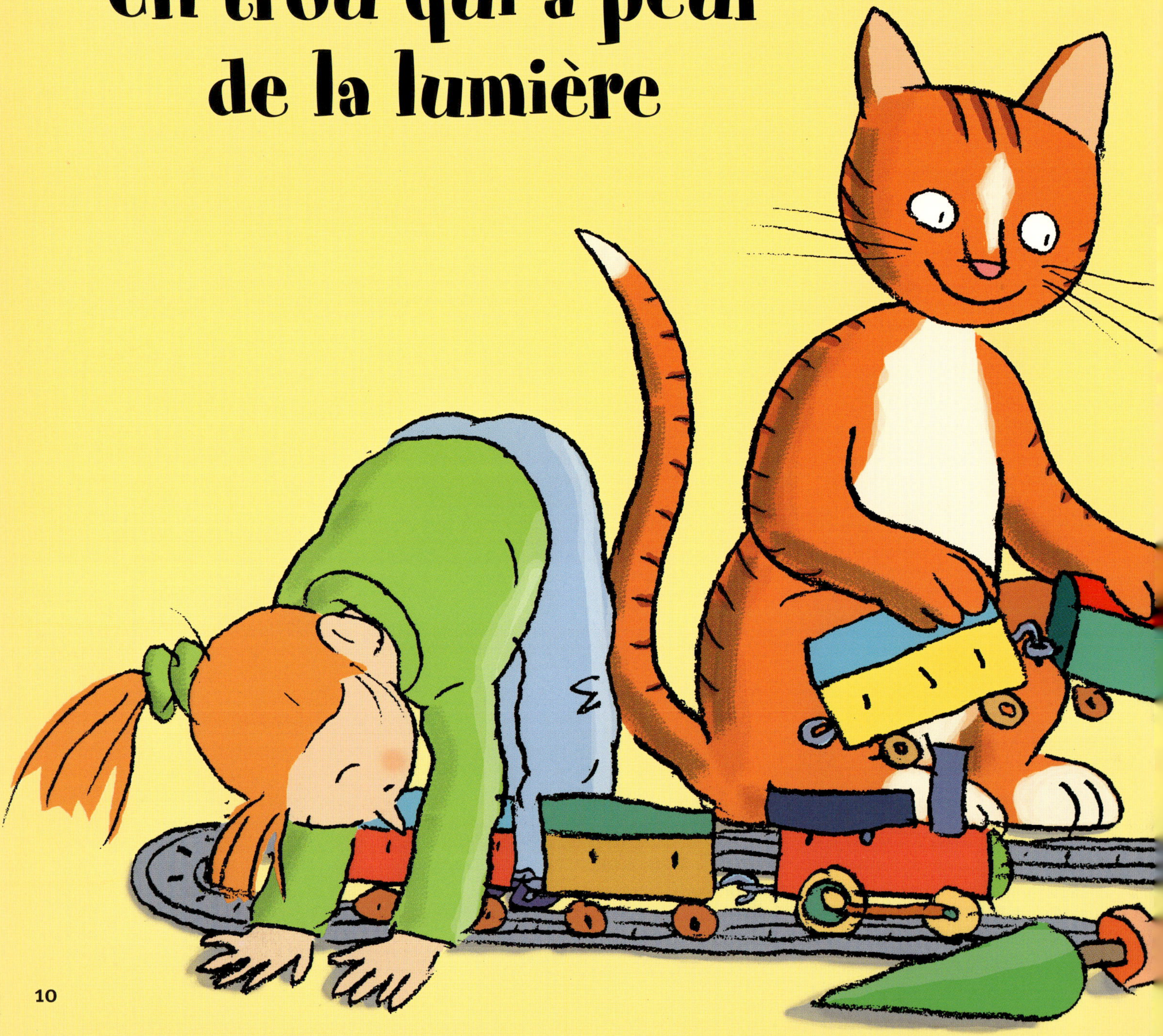

Paco regarde Chat. Il lui dit :
– Tu es bizarre, Chat ! Tu n'as jamais les mêmes yeux. Parfois, je vois des fentes, parfois je vois des ronds. Est-ce que tu changes tes yeux ?
Chat rit :
– Non, non, Paco ! Personne ne change ses yeux, même pas nous, les chats. Ce sont les yeux qui se transforment. Viens, allons regarder de près les yeux de Nelle !

L'expérience

Rassemble ton matériel

- 1 lampe de poche ou de bureau

L'expérience se fait dans une pièce peu éclairée.

1

Place-toi en face d'un ami et regarde le petit trou noir au centre de son œil.

2

Approche la lampe allumée de son œil et regarde encore.

3

Continue de regarder
en éteignant la lampe.

Qu'arrive-t-il au trou noir ?

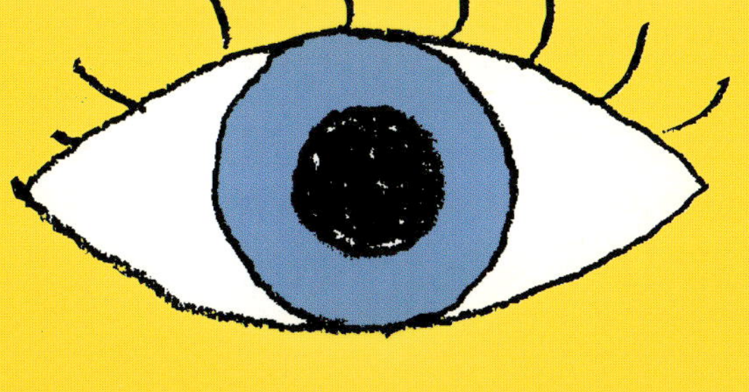

L'EXPLICATION
pour en dire plus
AUX ENFANTS

Pourquoi les yeux changent-ils selon la lumière ?

Lorsque l'œil est éclairé, le trou noir se rétrécit. Au contraire, quand il y a peu de lumière, il s'élargit.
Le trou noir s'appelle **la pupille**. C'est une petite fenêtre qui filtre la quantité de lumière qui entre dans l'œil. Cela permet à l'œil de ne pas recevoir trop de lumière quand il est très éclairé, et d'en recevoir le plus possible quand il fait sombre, et donc de mieux voir. La pupille paraît noire car, à travers elle, on ne voit que l'intérieur sombre de l'œil.
Suivant la lumière, Paco voit la pupille de Chat changer de forme.

LE COIN pour en savoir plus DES PARENTS

En fait, ce n'est pas la pupille mais l'iris (la partie colorée de l'œil) qui s'ouvre ou se ferme. En effet, l'iris est un muscle et peut donc se contracter ou se décontracter pour agrandir ou rétrécir la pupille.
Les chats ont des yeux mieux adaptés que ceux des humains à la vision nocturne, car ils peuvent beaucoup plus dilater leurs pupilles, laissant ainsi passer une plus grande quantité de lumière dans l'œil.
Dans un appareil photo, on utilise un système semblable. Le diaphragme est une petite fenêtre qui s'ouvre ou se ferme pour laisser passer plus ou moins de lumière sur la pellicule. Sur un appareil automatique, la cellule mesure la quantité de lumière présente avant le déclenchement, puis commande l'ouverture ou la fermeture du diaphragme.

Encore un jeu

Qui suis-je ? Choisis la bonne réponse.

A.
Je suis un animal et je suis presque aveugle.

B.
Je suis un animal, mes yeux sont énormes par rapport à mon corps.

C.
La nuit, c'est moi qui ai la meilleure vue.

D.
Je suis un objet très utile pour les yeux.

E.
Les yeux ne doivent pas me regarder directement, sinon ils s'abîment.

Réponses : A1 ; B2 ; C1 ; D1 ; E1

A1. une taupe

A2. un canard

A3. une grenouille

B1. un éléphant

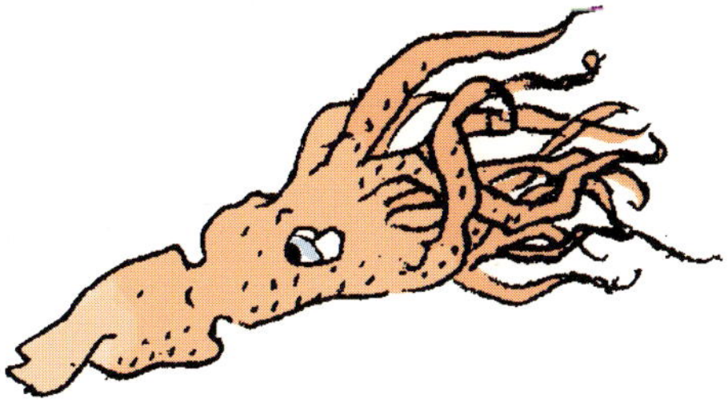

B2. un calmar géant

B3. un mouton

C1. une chouette

C2. une chauve-souris

C3. un chat

D1. une paire de lunettes

D2. un éventail

D3. un peigne

E1. le soleil

E2. une télé

E3. la lune

La lumière qui court partout

Nelle est très fière de sa nouvelle montre avec un cadran-miroir :

– Regarde, Paco, ce que je peux faire avec cette montre : grâce au soleil, je peux envoyer des rayons laser !

– Incroyable ! s'exclame Paco. Mais on dirait plutôt des rayons de lumière...

– Tu n'es pas loin de la vérité, Paco, dit Chat. Je connais une expérience avec une loupe qui peut nous aider à en savoir un peu plus.

L'expérience

L'expérience se fait de jour dans une pièce sombre avec une fenêtre.

Rassemble ton matériel

- **1 loupe**
- **1 feuille de papier blanc**

1

Tourne le dos à la fenêtre. Pose la loupe contre le papier et dirige-les vers la fenêtre.

2

Éloigne tout doucement la loupe du papier en regardant bien ce qui apparaît sur le papier.

Que vois-tu ?

L'EXPLICATION pour en dire plus AUX ENFANTS

Pourquoi une image apparaît ?

Petit à petit, tu vois apparaître sur le papier la fenêtre de la pièce et le paysage qu'il y a derrière ! Dès que de la lumière (celle du soleil ou d'une lampe) arrive sur un objet, un animal ou une personne, elle est aussitôt renvoyée dans tous les sens. C'est grâce à cette lumière reflétée par toutes les choses qu'on peut les voir. Une petite partie de la lumière renvoyée par le paysage passe par la loupe. Grâce à sa forme, la loupe dévie et concentre derrière elle les rayons de lumière reflétée par le paysage qui la traversent. Lorsqu'ils se rejoignent, ces rayons se croisent et continuent leur chemin jusqu'à la feuille. Quand ils y arrivent, ils n'ont pas fait beaucoup de chemin depuis la loupe, et ils sont encore concentrés, éclairant fortement le papier. C'est ce qui permet de voir leur image sur la feuille. Et comme ils se sont croisés en traversant la loupe, l'image que tu vois est inversée.

LE COIN
pour en savoir plus
DES PARENTS

L'image projetée sur la feuille est inversée car, entre la loupe et la feuille, les rayons lumineux se croisent. C'est ce qui arrive dans l'appareil photo, mais aussi dans les yeux.

Suivant la distance à laquelle se trouve la loupe, la lumière envoyée par les objets est plus ou moins concentrée, ce qui rend l'image plus ou moins nette.

Notre œil fonctionne comme la loupe et la feuille de cette expérience : derrière le petit trou de la pupille, le cristallin joue le rôle de la loupe en déviant les rayons lumineux et les concentrant entre lui et la rétine. La rétine joue le rôle de la feuille et récupère une image renversée. C'est notre cerveau qui rétablit l'image dans le bon sens.

La mise au point est faite par la modification de la forme du cristallin, alors que dans l'expérience, comme dans un appareil photo, la loupe ou la lentille avance ou recule.

L'appareil photo est construit sur le modèle de notre œil, avec une lentille de verre pour jouer le rôle du cristallin et une pellicule pour imiter la rétine, sur laquelle s'imprime l'image.

Encore un jeu

Peux-tu retrouver les 4 erreurs qui sont apparues dans la deuxième photo ?

Réponses : la queue du chat disparaît, un seau rouge remplace le ballon, des bottes vertes remplacent les tennis, un ruban bleu dans les cheveux.

Fabriquer un arc-en-ciel

– Oh, zut, il pleut ! se plaint Nelle.
Mais le soleil réapparaît vite. Et oh ! merveille, dans le ciel, un arc-en-ciel !
– Nelle, Nelle ! appelle Chat. Est-ce que tu voudrais faire un arc-en-ciel, toi aussi ?
– Mais je ne suis pas le ciel et le soleil, je ne peux pas !
– Mais si ! Viens, je vais t'apprendre comment fabriquer un arc-en-ciel en miniature.

Rassemble ton matériel

- de l'eau
- 1 bouteille vide en plastique avec son bouchon
- 1 épingle

L'expérience

L'expérience se fait dehors, un jour de soleil.

1

À l'aide de l'épingle, perce une cinquantaine de petits trous dans le bouchon de la bouteille. Demande à un adulte de t'aider.

2

Remplis la bouteille d'eau puis referme-la avec le bouchon troué.

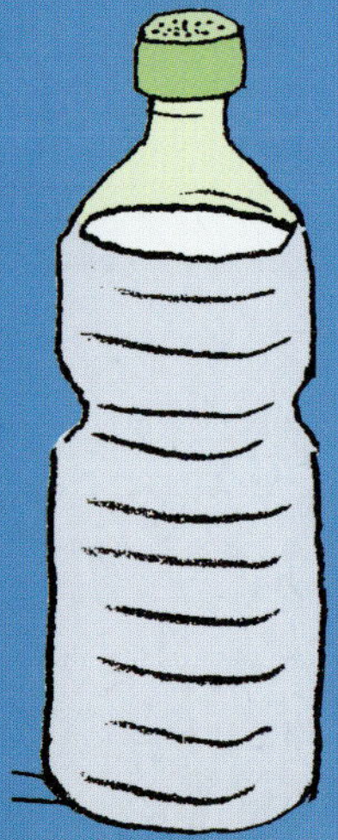

3

**Mets-toi dos au soleil
et appuie sur la bouteille
pour faire jaillir
de l'eau devant toi.**

Que vois-tu apparaître dans la petite pluie fine qui tombe ?

L'EXPLICATION pour en dire plus AUX ENFANTS

D'où viennent les couleurs de l'arc-en-ciel ?

Un arc-en-ciel se dessine sur les gouttes qui sortent de la bouteille !
Lorsque la lumière du Soleil parvient sur une goutte, une partie est renvoyée et une partie pénètre dans la goutte. La partie qui est entrée est déviée pendant son trajet à travers l'eau. Les rayons de différentes couleurs qui composent la lumière blanche se séparent. C'est ce qui donne cet arc-en-ciel. On dit souvent que l'arc-en-ciel a sept couleurs (violet, indigo, bleu, vert, jaune, orangé, rouge). Mais on voit rarement l'indigo.

LE COIN pour en savoir plus DES PARENTS

Cette séparation des lumières colorées s'appelle la décomposition de la lumière blanche, et le résultat de ce phénomène est le « spectre » de la lumière. Il ne peut avoir lieu que sur de très petites gouttelettes, les grosses gouttes déviant trop la lumière pour la renvoyer décomposée vers nos yeux.

Encore un jeu

Voici ce que voit son œil droit

Réponse : avec ses deux yeux il en voit 4.

À ton avis, combien Paco voit-il de clowns ?

Voici ce que voit son œil gauche

Trois couleurs pour en faire mille

Paco revient de chez sa grand-mère.
– Tu sais, Chat, j'ai regardé la télévision chez Mamie, et mon émission était toute triste. Elle avait perdu ses couleurs !
– Je vois, dit Chat en riant. Mais c'est seulement parce que ta grand-mère a une télévision noir et blanc !
– Ah bon ? mais alors, comment fait notre télé à nous pour donner toutes ces couleurs ?
– Peut-être qu'il n'y en a pas autant que tu le crois. Et si nous faisions une expérience pour compter les couleurs de l'écran de télévision ?

L'expérience

Rassemble ton matériel

- 1 écran de télévision en couleur

1

Allume la télévision. Mouille le bout de ton doigt avec de la salive ou de l'eau.

2

Appuie ton doigt sur un endroit de l'écran, puis regarde l'écran de près.

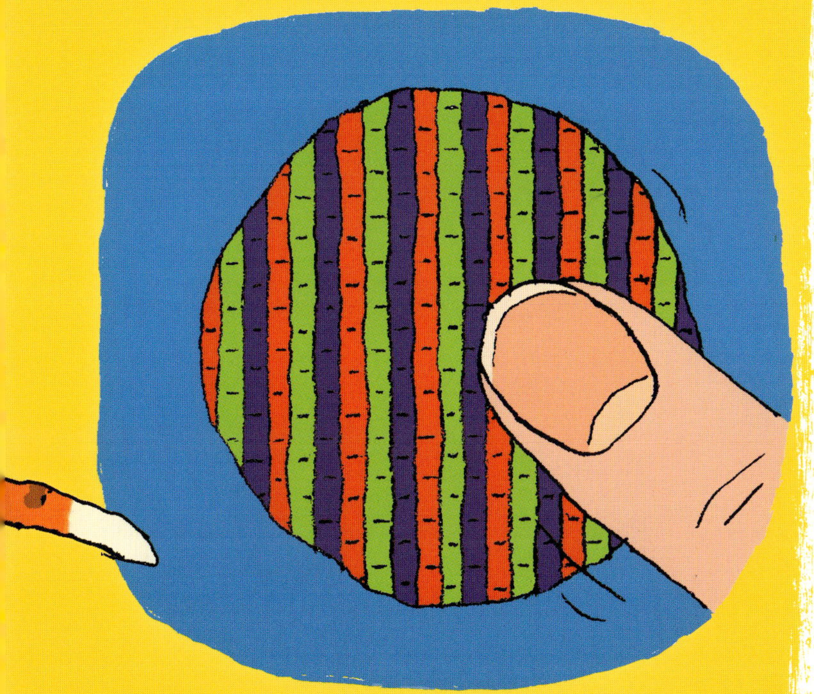

Que vois-tu ?

L'EXPLICATION
pour en dire plus
AUX ENFANTS

Comment fonctionnent les couleurs d'une télévision ?

Là où l'écran est mouillé, tu vois apparaître plein de petits points rouges, verts et bleus. Et tu peux toujours chercher partout sur l'écran, tu ne trouveras que des points de ces trois couleurs !
Sur l'écran, l'eau agit comme une loupe. C'est pourquoi tu vois des petites parties minuscules des images. Ces petites parties envoient de la lumière vers tes yeux. Quand il n'y a pas d'eau sur l'écran, tes yeux n'arrivent pas à séparer ces parties d'images trop petites. Ils les mélangent. En mélangeant les trois lumières de couleurs rouge, verte et bleue qui composent chaque image, les yeux arrivent à voir toutes les couleurs qui sont dans la nature !

Au fond de l'œil, la rétine est tapissée de petites cellules qui captent la lumière. Certaines sont sensibles aux couleurs de la lumière. Ces cellules, qu'on appelle « cônes », sont divisées en trois catégories, selon la couleur de lumière qu'elles sont capables de capter : celles sensibles au rouge, celles sensibles au vert et celles sensibles au bleu.
Sur l'écran d'un ordinateur, comme sur un écran de télévision, des petits points rouges, verts et bleus envoient de la lumière. Un endroit où ils sont tous allumés sera vu blanc. Pour donner du jaune, le vert et le rouge s'allument, le bleu et le rouge allumés donnent du magenta (rose foncé) et le cyan (bleu-vert) est obtenu avec du bleu et du vert. Voilà déjà 6 couleurs ! Pour avoir toutes les autres couleurs (et leurs nuances, foncé, clair, ...), il suffit que plus ou moins de vert, de rouge ou de bleu soient allumés dans la partie concernée.

Encore un jeu

Veux-tu fabriquer un mini-cinéma ?

Pour fabriquer cet appareil et le faire fonctionner, tu as besoin de :

1 paire de ciseaux,
1 punaise,
1 crayon en bois,
1 miroir.

1. Reproduis ou fais reproduire ce disque puis découpe les créneaux verts.
2. Plante ton disque à l'aide de la punaise, en haut d'un crayon ou d'une tige en bois.
3. Par un créneau, regarde le disque dans le miroir. Fais tourner le disque sans bouger la tête : les dessins semblent s'animer !

Tu as fabriqué un **phénakistiscope,** l'ancêtre du dessin animé, inventé par le physicien belge Joseph Plateau en 1831.

La magie des couleurs

Paco fait de la peinture.
– Ah, quel dommage, je n'ai plus de noir !
je vais mélanger toutes mes couleurs,
ça fera un marron foncé presque noir.
Chat s'approche :
– Bonne idée, Paco ! Et sais-tu ce que cela
ferait si tu mélangeais non pas des
peintures mais des lumières de toutes
les couleurs ?
– Oui, ça ferait la nuit toute noire !
– Et bien non ! Je crois que tu vas être
surpris avec cette nouvelle expérience.
Suis-moi !

L'expérience

Rassemble ton matériel

- 1 paire de ciseaux
- 1 bouchon de bouteille plastique
- 1 allumette neuve
- 1 compas
- 1 crayon pointu
- de la peinture bleue, rouge et verte.
- 1 disque de carton de 15 centimètres de diamètre partagé en trois zones égales.

1

Avec tes trois couleurs, refais le même disque que sur le dessin.

2

À l'aide de la pointe du compas, puis de celle du crayon, perce le centre du bouchon et du disque peint, puis plante-les sur l'allumette.

3

Fais tourner très vite cette toupie sur une surface lisse.

Qu'observes-tu ?

L'EXPLICATION pour en dire plus AUX ENFANTS

Comment se mélangent les couleurs et les lumières ?

Le disque qui tourne devient blanc ! Chaque couleur du disque renvoie de la lumière colorée vers tes yeux. Lorsque le disque tourne vite, tes yeux ne sont pas assez rapides pour le suivre. Tes yeux mélangent alors les lumières colorées qu'ils reçoivent. Et ce mélange des trois lumières donne une nouvelle couleur : une lumière presque blanche.
Alors que si tu mélangeais trois peintures (qui ne sont pas des lumières mais des matières) de ces mêmes couleurs bleue, rouge et verte, cela donnerait un marron presque noir !

LE COIN pour en savoir plus DES PARENTS

Le mélange de lumières rouge, verte et bleue, donne du blanc en « lumière », l'absence de lumière donne du noir. Les trois couleurs rouge, verte, bleue sont appelées couleurs primaires en lumière. Il est possible de compléter cette expérience en traçant des arcs de cercle noirs à différentes positions sur les surfaces colorées du disque. Les tracés noirs n'envoient pas de couleur vers l'œil. Lorsque la toupie tourne, les cercles sur lesquels ils sont placés envoient donc deux couleurs et du noir (c'est-à-dire rien) vers l'œil. Celui-ci ne voit alors que le mélange de deux couleurs. Le mélange bleu, rouge et noir (rien) est reçu comme du rose-violet, le mélange vert, bleu et rien donne du bleu plus clair et le mélange rouge et vert donne du jaune.

Encore un jeu

La lumière est belle aujourd'hui. En observant la course du soleil et les ombres des objets, veux-tu remettre dans l'ordre les 6 moments de la journée ?

Réponses : **3.** c'est l'aube ou l'aurore ; **2.** pendant la matinée ; **5.** il est midi ; **1.** le soleil continue sa course dans le ciel ; **6.** c'est le début du crépuscule ; **4.** c'est la nuit

2
3
4
5
6

Les couleurs qui se cachent

Nelle commence à colorier son dessin dehors avec son feutre orange. Mais voilà que la pluie se met à tomber et des grosses gouttes tachent sa feuille. Quelle surprise : là où l'eau s'est étalée, Nelle voit plusieurs couleurs sur la feuille, alors qu'elle n'a utilisé qu'un seul feutre !

– Est-ce que cette pluie est magique ? se demande Nelle .

– Pas magique du tout, dit Chat. Tu vas voir : avec l'eau du robinet et des feutres, on peut aussi faire une expérience très amusante. Allons-y !

L'expérience

Rassemble ton matériel

- 3 feutres de couleurs différentes
- 1 verre à moitié rempli d'eau salée
- 1 crayon
- du papier filtre blanc à café
- des ciseaux

1

Découpe une bande de papier filtre de 4 cm de large.

2

Dessine 3 petits ronds avec les 3 feutres à une extrémité de cette bande.

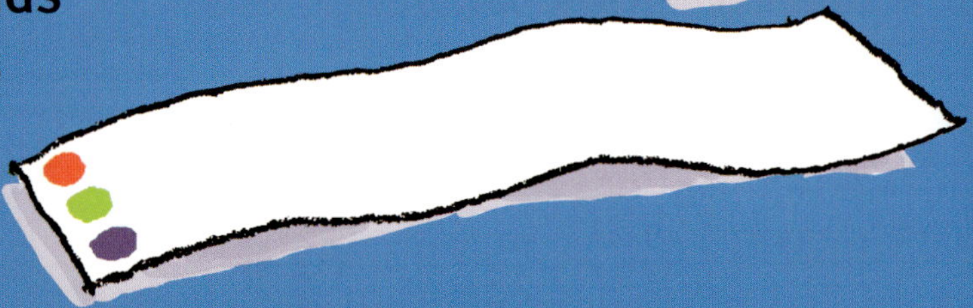

3

Pose le crayon sur le verre et pose la bande dessus en la pliant, de façon que le bout où tu as dessiné les ronds trempe juste dans l'eau.

4

Attends un peu et regarde l'eau monter sur la bande.

Que vois-tu ?

L'EXPLICATION pour en dire plus AUX ENFANTS

Qu'y a-t-il dans un feutre ?

En montant, l'eau entraîne l'encre des feutres. Mais les encres semblent avoir plusieurs couleurs alors que les ronds n'étaient que d'une seule couleur chacun ! C'est parce que pour faire des feutres de toutes les couleurs, les fabricants mélangent dans un même feutre plusieurs encres de couleurs différentes. Ces encres ne sont pas toutes entraînées de la même manière par l'eau. Certaines, plus lourdes, restent vers le bas de la bande. Les plus légères peuvent monter très haut.
C'est ce que voit Nelle avec la pluie !

LE COIN pour en savoir plus DES PARENTS

L'encre, la peinture, sont constituées de pigments colorés. Ces pigments absorbent certaines lumières colorées (des longueurs d'onde) de la lumière qu'elles reçoivent, et en restituent d'autres, ce qui leur donne leur couleur. Le procédé employé dans cette expérience s'appelle « chromatographie » et peut être utilisé en d'autres circonstances. Par exemple, en broyant des feuilles d'arbre bien vertes dans l'eau du verre, on obtiendra des bandes colorées jaunes, orange et vertes. Ce qui montre que si la feuille nous apparaît verte, c'est qu'elle contient surtout des pigments qui renvoient de la lumière verte (la chlorophylle) et qu'à l'automne, si elles jaunissent, c'est qu'elles perdent d'abord leur chlorophylle (le jaune existait déjà dans la feuille).

Encore un jeu

2 bandits se sont dissimulés
dans cette image.
As-tu de bons yeux, les vois-tu ?

Le blanc est-il vert ?

Nelle regarde depuis un petit bout de temps un beau dessin de soleil rouge qui se couche. Quand elle tourne la page de son livre, elle voit un soleil tout vert sur la page suivante, alors que cette page est blanche !

– Mais, je rêve, s’exclame-t-elle.
Ou je deviens zinzin !

Chat lui dit :

– Ne t’inquiète pas, Nelle, moi aussi, je peux te montrer un soleil vert qui n’existe pas !

L'expérience

1

**Regarde fixement le disque rouge,
le temps de chanter
une petite chanson dans ta tête.**

2

Ensuite, tourne rapidement les yeux et regarde fixement une feuille blanche, le temps d'une autre chanson.

Que vois-tu ?

L'EXPLICATION
pour en dire plus
AUX ENFANTS

Pourquoi nos yeux voient-ils des fausses couleurs ?

Surprise ! le disque blanc apparaît... vert ! La lumière blanche que nous envoie le Soleil (ou une lampe) contient toutes les couleurs. Un objet blanc reflète toutes les couleurs de la lumière, un objet rouge ne reflète que le rouge et absorbe (avale) toutes les autres couleurs. Lorsque tu regardes le disque rouge, les petits capteurs de lumière de tes yeux reçoivent de la lumière rouge. Seuls les capteurs sensibles au rouge travaillent et cela les fatigue. Ainsi quand tu regardes le disque blanc, qui envoie des lumières de toutes les couleurs, les capteurs du rouge, fatigués, ne réagissent pas tout de suite. Seuls les capteurs du vert et du bleu fonctionnent normalement. Comme le mélange de ces deux couleurs donne du vert, tu as l'impression de voir une couleur verte à la place du blanc.

LE COIN
pour en savoir plus
DES PARENTS

La rétine de l'œil contient trois types de cônes : certains sont sensibles au rouge, d'autres au vert et les derniers, moins nombreux, sont sensibles au bleu. C'est le cerveau qui interprète l'information que lui envoie la rétine : un mélange de bleu et de vert dans la deuxième partie de l'expérience donne la couleur verte, qu'on appelle complémentaire du rouge.
Vous pouvez refaire l'expérience avec des disques coloriés de couleurs différentes (bleu, jaune, vert, etc.).

Encore un jeu

Observe bien pendant 3 minutes l'image sur la page de droite. Masque-la et réponds aux questions.

As-tu vu un loup noir ?

As-tu vu le Petit Poucet ?

As-tu vu la pomme rouge ?

Combien de sorcières as-tu vues ?

Qu'as-tu vu qui n'est ni un personnage ni un animal de conte ?

Y a-t-il un bonhomme de neige ?

Combien as-tu compté de biquets ?

Tu peux de nouveau regarder les images et retrouver avec un adulte tous les contes évoqués.

Les contes évoqués sont : Boucle d'or et les 3 ours/Le Petit Chaperon rouge/La chèvre et les 7 biquets blancs/Barbe Bleue/Histoire de sorcière/Histoire de fantôme/Histoire de loup/Histoire de bonhomme de neige/Blanche Neige/Peau d'Âne et sa robe étoilée/Le diable aux 3 cheveux d'or.

Le lapin chez lui

Paco ferme un œil. Il le rouvre puis le referme ; il ferme l'autre œil puis l'ouvre à nouveau.

– C'est bizarre d'avoir deux yeux qui voient bien et de ne pas voir tout en double !

Chat est d'accord :

– Eh, oui. Nous allons faire une expérience avec un lapin et une maison pour jouer avec nos deux yeux. Es-tu prêt ?

L'expérience

Rassemble ton matériel

- **1 carte de format carte postale**

1

Pose la carte verticale entre le lapin et sa maison.

2

Pose ton front et ton nez sur la carte et regarde la page, en restant dans cette position le temps de chanter une petite chanson dans ta tête.

À quoi servent les deux yeux ?

Tu vois le lapin rentrer chez lui !
Tes deux yeux ne voient pas la même chose. L'œil de droite voit la maison, celui de gauche voit le lapin. Ton cerveau est habitué à recevoir deux images que lui envoient les deux yeux. Quand il les reçoit, il les mélange pour n'en faire plus qu'une, sinon on verrait tout en double. Voilà, Paco ! Pour bien voir, il faut deux yeux et un cerveau !

LE COIN pour en savoir plus DES PARENTS

La vision binoculaire avec les deux yeux sur la face de la tête, chez les êtres humains et d'autres animaux (les singes en particulier), sert à estimer les distances et le relief. En effet, les deux yeux ne regardent pas les mêmes choses sous le même angle. En rassemblant les deux images que lui transmettent les yeux, le cerveau peut ainsi estimer les volumes.
Les animaux qui ont les yeux sur les côtés de la tête voient deux images différentes.
Pour avoir l'idée de profondeur et de distance, ils déplacent souvent leur tête de gauche à droite, ou la tournent, pour recevoir plusieurs images différentes d'un même objet (... ou d'un chasseur !)

Encore un jeu

Veux-tu regarder ces trois dessins ?
Lequel retrouves-tu
sur l'écran de télévision ?

Réponse : le 2

Le bonhomme qui saute

Paco adore les dessins animés.
– Chat, dit-il, quand je dessine, mes personnages ne bougent pas.
– Bien sûr, répond Chat, ce sont des dessins.
– Alors pourquoi tout bouge dans les dessins animés ? Pourquoi les personnages et les animaux peuvent marcher, courir, sauter ?
– Bon d'accord ! Nous aussi, allons faire un dessin-animé ! propose Chat.
C'est parti pour faire sauter le bonhomme de ton dessin !

L'expérience

Rassemble ton matériel

- 1 feuille de papier blanc
- 1 feutre ou un crayon
- des ciseaux

1

Découpe une petite bande de 20 cm dans la feuille de papier.

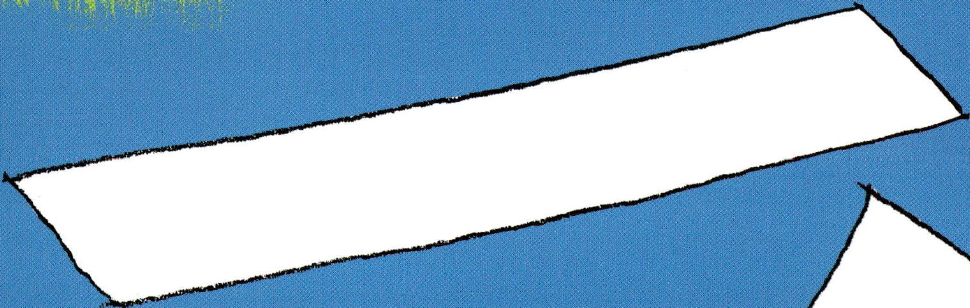

2

Plie la bande de papier en deux pour former un carnet à deux feuilles !

3

Dessine un petit bonhomme debout sur la première page de la bande, et le même petit bonhomme mais en l'air sur la deuxième page.

4

Enroule la première page autour du feutre ou du crayon. Déplace ton feutre très vite de gauche à droite puis de droite à gauche pour dérouler la page, puis l'enrouler, puis la dérouler, plusieurs fois.

Que vois-tu ?

L'EXPLICATION pour en dire plus AUX ENFANTS

Qu'est-ce qu'une illusion d'optique ?

Tu vois le petit bonhomme sauter sur place ! Et pourtant, tu sais qu'il ne bouge pas quand tu regardes tes deux dessins. Le petit bonhomme te semble sauter sur place mais c'est une **illusion d'optique** ; tu crois voir quelque chose qui n'est pas réel. Nos yeux ne sont pas capables de voir des mouvements qui vont trop vite : les images se mettent l'une sur l'autre dans nos yeux et nous donnent l'impression de bouger.

LE COIN pour en savoir plus DES PARENTS

Le cinéma est une illusion d'optique due au fait que l'impression de l'image qu'on reçoit persiste sur notre rétine, au fond de nos yeux, un court instant (un dixième de seconde environ). Lorsque la pellicule se déroule, des images fixes se succèdent très rapidement dans le projecteur. Si l'image suivante arrive avant que l'impression de la première image n'ait disparu des yeux, on ne voit pas que les deux images sont séparées et on a l'illusion de voir un mouvement, c'est-à-dire de voir bouger ce qui change de place d'une image à l'autre.

Encore un jeu

Peux-tu retrouver quelles couleurs
Paco a mélangées
pour faire ces trois dessins ?

Réponses : le chat vert = jaune + bleu ; la sorcière indigo = bleu + rouge ; la citrouille orange = jaune + rouge.

Pour contacter les Petits Débrouillards :

Petits Débrouillards, La Halle aux cuirs, 2, rue de la Clôture, 75930 Paris cedex 19
ou sur **Internet : anpd@infonie.fr**

L'Association des Petits Débrouillards c'est :

Plus de 100 clubs locaux - 40 centres de vacances et classes de découverte - 2000 ateliers dans les écoles et centres de loisirs

Cette association est soutenue par :

Le ministère de l'Éducation nationale, de la Recherche et de la Technologie - la délégation interministérielle à la ville- l'Académie des sciences - le ministère de la Jeunesse et des Sports - le ministère de la Culture.

L'Association des Petits Débrouillards intervient auprès de tous les enfants pour leur faire découvrir les sciences en s'amusant, et surtout en manipulant et en observant. Elle organise des activités plus spécifiquement pour les 7-12 ans ; elle intervient auprès des 5-7 ans à la demande (écoles, centres de loisirs, parents d'élèves...). Cela dans le but de permettre aux accompagnateurs habituels des enfants de bénéficier des compétences d'un animateur ou d'une animatrice en matière de pédagogie des sciences et des techniques, et ce sur des thèmes aussi diversifiés que l'espace, la chimie, le corps humain, l'eau, la météo...

Loi 49 956 du 16 juillet 1949 sur les publications destinées à la jeunesse
Dépôt légal premier semestre 2000 - N° d'édition 11 870 - ISBN 2 226 11 247 2

Imprimé en France par Pollina, 85400 Luçon - n° L 80000-C

www.albin-michel.fr